崔瀠兮、楊子涵、馮翰飛 著

超方便！

掌握21款常備食材

活用秘訣輕鬆煮

萬里機構

目錄

Part 3
海產類

Part 4

五穀、根莖類

Part 5
甜品、小吃類

附錄
健康一日三餐

掌握基本烹調方法

完成一道美美的菜餚，需要不少技巧配合，了解每個工序及操作，掌握重點，適時運用，烹調絕對無難度。

是一種使用最廣泛的烹調方法，做法是先燒熱油，放入切成粒、絲、片或小塊的材料，用中大火在較短時間加熱至熟，最後調味即成。

炒菜有甚麼技巧？

1. 注意油溫控制，對於簡單炒菜來說，先將鑊燒熱，倒入油把鑊轉一下，讓鑊邊沾上油，別等冒煙太多時放入材料，否則無論薑、蒜等料頭或主要材料都容易很快燒焦。
2. 待油燒一會後，取一根乾淨的竹筷子放入油試一下，見筷子周圍有密集的氣泡，此時可以放入薑葱蒜慢慢爆香，火不要開得太大，隨後再加入蔬菜炒即可。

蒸

水燒滾後，將已調味的食物放入蒸鍋或蒸爐，利用蒸氣的熱力令原料熟透，蒸一般較健康及少油，食物鮮香、嫩滑。如果熟透的食物涼了要加熱，蒸的時間不宜太短，蒸一兩分鐘只是表皮熱了，內裏還是涼的，建議水燒滾後放入最少蒸 5-8 分鐘至內外熱透。

如何蒸得好吃？

蒸蛋： 蛋液放入碗，加入同等分量的水攪拌，用隔篩過濾泡沫，以保鮮紙包好，戳上小孔，水燒滾後放入蛋液，蒸 10-15 分鐘，以生抽、麻油及葱花調味即可。

蒸魚： 魚洗淨，放在墊有葱段的碟上，以蒸氣加熱 8-10 分鐘（視乎魚大小而定），最後加入豉油及熟油調味。

燜煮

煮是將食物原料放入鍋內，加入適量湯汁、清水或調味料，用大火煮開，再調至中火或小火煮熟，時間一般較長。

燜煮有甚麼技巧？

煮不同的食物都有不同的小技巧需要注意，有助事半功倍。

1. **煮麵條：** 當鍋內的水有小氣泡時可下麵條，攪動一會，調至小火，加蓋，加入少許冷水再煮開，煮出來的麵條更軟。
2. **煮粥：** 不要加蓋，以防粥濺出鍋外，需要密切留意。如使用電飯煲煮粥，可免卻溢漏及看顧火候了。
3. **煮雞蛋：** 先將雞蛋放在冷水內，冷水開火煮蛋，蛋殼不會破裂。
4. **燜煮肉：** 希望吃軟脸的肉，不妨放入幾塊山楂，或加添醋、檸檬汁等加速肉質軟化；緊記鹽不要太早放入；而且適宜以中小火燜煮。

常用的一道烹飪工序，簡單地說是把食材放進水裏短時間煮一下。灼燙的食材以肉類、蔬菜為多，肉類在冷水時下鍋煮，待浮沫冒起後，多煮一會即可，能去掉肉類的污垢及血水，然後繼續燜煮或煲湯等步驟。

蔬菜為何需要先灼水？

1. 有些蔬菜質地本身較硬，如西蘭花及椰菜花，灼水後讓蔬菜呈半熟，再進行後續的炒煮等步驟，更易熟透。
2. 去除苦味或土腥味，例如菠菜、芥菜、苦瓜、蘑菇等。
4. 清除影響吸收鈣、鐵的草酸，如菠菜、通菜、竹筍等。
4. 破壞毒素，如豆角、四季豆等含皂素及植物血凝素，否則未煮透容易引起噁心、嘔吐等食物中毒症狀。
5. 讓蔬菜顏色更翠綠、鮮亮。

一般是將醃好入味的原料放入焗爐，令表層水分散發，食物表皮比較鬆脆，還有焦香的滋味。用焗爐的方法很健康，如烤雞腿比用煎、炸及炒等方式，其脂肪含量較低，而且口感相當不錯。

焗爐適合烤製甚麼食物？

1. **烤肉：**五花肉、雞腿、雞翼、雞扒、牛柳粒、羊肉等。
2. **烤海鮮：**原條魚、魚柳、蠔、鮮蝦、魷魚等。
3. **烘焙點心：**麵包、蛋糕、餅乾等。
4. **乾燥食物：**容易受潮的食物如瓜子、花生及餅乾等，放入焗爐後可乾燥變成脆口。

使用焗爐注意甚麼？

1. 焗爐溫度很高，別隨便觸碰，取食物時必須配戴隔熱手套。
2. 放置的焗爐不要緊貼牆壁，最少保持 10 厘米距離，以便通風散熱。
3. 待焗爐冷卻後再進行清潔。

刀工你要知

做飯做菜離不開用刀，掌握用刀的一些基本方法，勤加練習，對烹調可謂事半功倍。

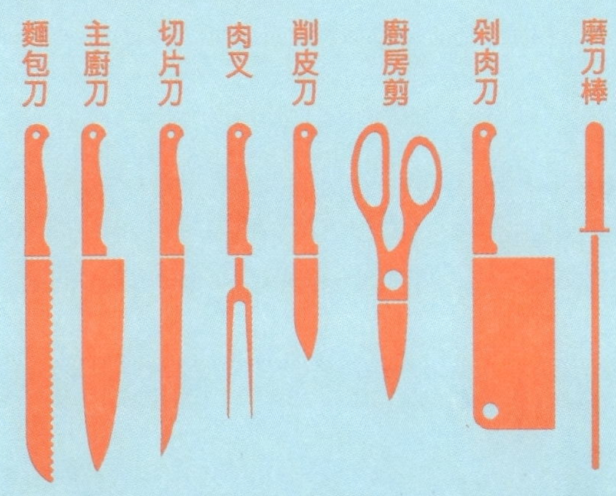

切得大小一樣

無論將食材切成粒、絲、條或塊狀，都要切得大小一致、厚薄均勻、長短整齊、粗細相等。這樣能防止熟度不均及調味不勻的情況。而且，當決定這道菜切成甚麼形狀，所有食材都要切成該形狀，煮出來的賣相才能夠美觀好看。

用刀姿勢

避免用刀傷及雙手，切食材的正確姿勢如下：

1. 扶着食材的手指微微彎曲，四指指尖貼近手心。
2. 用第二指關節頂着刀背，將四個手指頭收起來，大拇指也盡量往後收。
3. 下刀的手，刀面向食材外側傾斜，而非衝着自己手指頭的方向切下去。
4. 開始時速度慢些，熟能生巧，往後自然能加快速度了。

廚房安全，煮得開心

很多人認為廚房危機四伏，存在着刀、電、火等危險，不時有燙傷、燒傷等意外發生。只要認識廚房安全，有危險即將發生時迅速應對，遠離及避免危險品，烹調過程中還是有不少樂趣的。

火

☺ 油鍋起火時，迅速關閉燃料氣閥，加蓋或用濕抹布覆蓋。
☺ 在爐邊預備一瓶梳打粉，遇小火時可用梳打粉撲滅。

☹ 用水滅火非常危險，會導致火勢蔓延。
☹ 千萬別用手直接測試溫度及接觸火頭。

爐具

☺ 確認爐具出火位有否阻塞及洩漏，不時找技師檢查。
☺ 爐具旁不要擺放易燃物品，例如抹布、油等。
☺ 使用爐具前，檢查排風系統是否正常運作。
☺ 使用完畢要及時關閉。

☹ 爐具開啟後，要密切留意火候情況，別短暫離開。

電

☺ 廚房有不少電器，電源插頭較多，使用完要及時關掉電源，並將插頭拔出。

☺ 不時檢查電器插頭有否線頭損爛。
☺ 使用獨立有開關掣的電源板。

☹ 一個電源分拆器不要插上太多電器插頭，否則負荷太多。

燙傷

☺ 燒滾的沸水或熱油，不要輕易觸碰打翻。
☺ 廚房的水壺、蒸爐、電飯煲、炒鍋等會散出蒸氣，容易燙傷，置於遠離的地方。
☺ 放涼後才移動，或使用隔熱手套拿取發熱物品。

☹ 千萬別用手直接拿取發熱的電器或滾燙廚具。

刀具及尖銳物品

☺ 妥善收藏，別隨意放置，置於孩子不容易觸碰的地方。
☺ 刀鋒要加以保護及包好。

☹ 不要用刀子開啟罐頭等。

Part 1
蔬菜類

菠菜

菠菜是一年生草本植物，原產於伊朗，有二千年以上的栽培歷史，不晚於公元七世紀隋唐時期傳入中國。菠菜含有豐富的維他命和礦物質，有增強抗病能力的作用。

營養成分

熱量	28 千卡
碳水化合物	4.5 克
蛋白質	2.6 克
維他命 C	32 毫克
膳食纖維	1.7 克
脂肪	0.3 克

* 以 100 克可食用部分計算

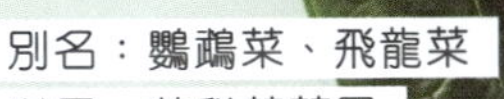

別名：鸚鵡菜、飛龍菜
科屬：莧科菠菜屬
收成時間：1-5 月、11-12 月
品種分類：有刺科、無刺科

尖葉菠菜

圓葉菠菜

挑選心得

- 根紅短的菠菜比根發白的口感較好；葉片翠綠且有光澤。
- 有刺科菠菜的葉片是尖葉，較嫩、味不澀，適合涼拌及清炒。無刺科菠菜是圓葉，含水量少，吃起來味較澀，適合煮湯。
- 如菠菜開花即代表口感老，不要選購了。

儲存要點

- 盡量當天買當天吃，減少存放時間，與其他綠葉蔬菜相同。
- 用廚房紙包裹妥當，放進保鮮袋冷藏，可儲存 3-5 天。

花生仁拌菠菜

材料

- □ 菠菜 250 克
- □ 花生 100 克
- □ 炒熟白芝麻少許
- □ 蒜頭 3 瓣

調味料

- □ 鹽 2 茶匙
- □ 糖半湯匙
- □ 麻油 2 茶匙
- □ 醋 2 湯匙
- □ 生抽 1 湯匙

做法

1. 花生洗淨，徹底乾透。菠菜摘好，洗淨。
2. 燒熱鑊，放入油至熱，下花生慢慢炒至外皮變色，盛起待涼。如花生乾得不夠，炒時容易濺油有危險。圖 1
3. 小鍋內放入清水燒熱，灑入鹽少許、油半湯匙及菠菜，灼菜約 45 秒至 1 分鐘，盛起，用冷水沖淨，擠乾水分，切約 3 厘米長段。
4. 蒜頭去皮、拍扁及剁碎；調味料拌勻。
5. 菠菜放於碟內，灑入花生，澆上調味料、蒜蓉及白芝麻，拌勻即可享用。

TIPS

- 灼菠菜時放入少許鹽及油，使菠菜色澤更翠綠。
- 因菠菜含有大量草酸，建議先灼水，以免草酸妨礙人體對鈣質的吸收，而且帶苦澀味。用多些水灼菠菜，去澀的效果更佳。其他含草酸較多的蔬菜有莧菜、馬齒莧、竹筍及茭白等。
- 如蔬菜的體積不是太大，一般先灼水再切，蔬菜切面小，流失的營養較少。

椰菜

椰菜原產於地中海一帶，現在很多地區都有栽種。如胃口不佳，適當地多吃椰菜有助促進消化，並預防便秘。咽喉疼痛、外傷腫痛、胃痛或牙痛時，將椰菜榨汁飲用或塗抹患處，有一定殺菌及消炎作用。

營養成分

熱量	24 千卡
碳水化合物	4.6 克
蛋白質	1.5 克
維他命 C	40 毫克
膳食纖維	1.0 克
脂肪	0.2 克

* 以 100 克可食用部分計算

別名：捲心菜、包心菜、高麗菜

科屬：十字花科蕓薹屬

收成時間：1-5 月、11-12 月

挑選心得

- 挑選較重的椰菜。

儲存要點

- 新鮮蔬菜宜盡快吃完，如一次吃不完，建議從外層開始食用，不宜用刀切成兩半，餘下部分的營養損失較大。
- 包裹妥當後可放雪櫃儲存。

手撕椰菜

材料

- □ 椰菜半棵
- □ 葱花適量

調味料

- □ 花椒 5 顆
- □ 生抽 1 湯匙
- □ 蠔油 1 湯匙
- □ 醋 2 湯匙
- □ 糖半湯匙
- □ 鹽半茶匙

做法

1. 椰菜洗淨，撕成片狀。
2. 燒熱鑊，放入油至熱，下花椒待色澤轉深，調低火力，放入葱花拌勻，下椰菜翻炒均勻。
3. 加入生抽、醋、糖及鹽拌，以大火拌炒，上碟前拌入蠔油均勻即可。

TIPS

- 用手撕出椰菜葉，比用刀切更能保留營養。
- 炒椰菜時要不時翻動，以免椰菜燒焦，怪難看！圖 1

1

番茄

番茄原產於南美洲，據說十七世紀傳入菲律賓，再傳入亞洲其他國家。

番茄味酸甜，口感爽，無論生吃或熟吃皆可。雖為蔬菜，但從植物學上卻屬水果，被稱為「蔬菜中的水果」。番茄的營養以番茄紅素及維他命 C 含量最豐富。

營養成分

熱量	15 千卡
碳水化合物	3.3 克
蛋白質	0.9 克
維他命 C	14 毫克
膳食纖維	1.0 克
脂肪	0.2 克

* 以 100 克可食用部分計算

別名：西紅柿、洋柿子
科屬：茄科番茄屬
收成時間：1-5 月、11-12 月

挑選心得

- 外形飽滿、色澤均勻，外皮沒有傷痕的。

儲存要點

- 蒂部向下放置，以免水分蒸發，令番茄保持濕潤。
- 放置於室溫通爽的地方，以免潮濕發霉。

健康營養站

番茄生吃好，還是熟吃好？

生吃：如想多補充維他命 C，番茄洗淨後生吃，或拌入糖享用。

熟吃：如想讓番茄紅素更容易吸收，可以吃熟吃的番茄。番茄紅素是一種很強的抗氧化劑，有抗衰老、保護心臟的作用。

番茄炒蛋

材料

- ☐ 番茄 3 個
- ☐ 雞蛋 3 個
- ☐ 葱花少許

調味料

- ☐ 鹽半茶匙
- ☐ 糖 1 湯匙

做法

1. 番茄洗淨，在外皮劃成十字，放入熱開水略燙，撕去外皮，切成小塊。圖 1
2. 燒熱鑊，放入少許油，慢慢放入已打勻的蛋液，炒勻至熟，盛起。圖 2
3. 鑊內加入少許油，放入葱花及番茄炒約 3-4 分鐘，灑入鹽炒勻，倒入雞蛋及糖拌炒，盛於碟上享用。

TIPS

- 成熟度高的番茄，淥開水後外皮容易撕掉；如番茄較硬，需要放入熱水內煮 1-2 分鐘，外皮才好撕除。
- 番茄不撕掉外皮也可以，可保留纖維素。

1

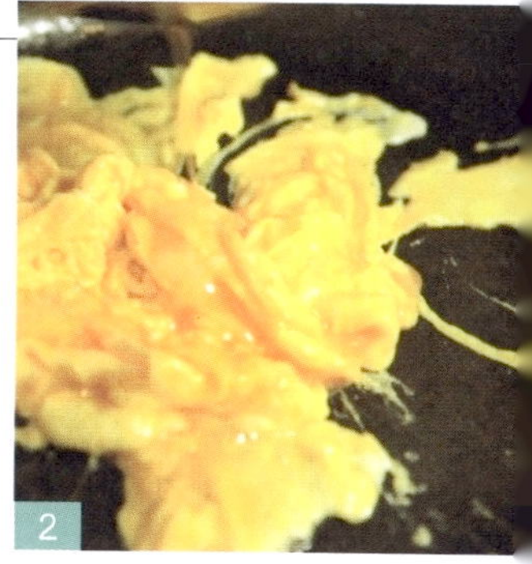

2

西蘭花

西蘭花原產於意大利，在意大利、英國、法國及荷蘭廣泛栽培。十九世紀初傳入美國，再傳入日本，慢慢在世界各國栽培。

營養成分

熱量	27 千卡
碳水化合物	3.7 克
蛋白質	3.5 克
維他命 C	56 毫克
胡蘿蔔素	7,210 毫克
脂肪	0.6 克

* 以 100 克可食用部分計算

別名：青花菜、綠花菜、綠花椰菜

科屬：十字花科芸薹屬

收成時間：1-4 月、11-12 月

挑選心得

- 色澤翠綠，花球緊密結實，表面無凹凸的。如不太翠綠及開了黃花，表示不太新鮮，味道也較差。

儲存要點

- 當天即吃，如放太久可能容易發黃。
- 可放於雪櫃儲存一天。

健康營養站

西蘭花的驚人營養

西蘭花營養豐富，含有豐富的維他命C、K及硒等，以及抗癌成分。西蘭花的胡蘿蔔素含量特別高，對視力有益處，比紅蘿蔔高出差不多一倍，胡蘿蔔素對人體的視覺發育很重要。

維他命A VS 胡蘿蔔素

富含胡蘿蔔素的食物一定是黃色嗎？

不一定，有很多綠葉蔬菜的胡蘿蔔素的含量也很高。這些綠葉蔬菜呈現綠色而不是黃色，主要是綠色的葉綠素含量更高，而掩蓋了胡蘿蔔素的黃色。

維他命A是一種脂溶性維他命，促進生長及生殖，維持骨骼、上皮組織及視力等生理功能。

吃進胡蘿蔔素後，會轉化成維他命A，盡量與油或肉一起烹調，能更好地吸收營養，或飯餸裏有肉有油，效果也可。

建議進食綠色、紅色、黃色、紫色及白色的蔬菜，各種顏色的蔬菜都需要進食。

清炒西蘭花

材料

- ☐ 西蘭花 1 棵
- ☐ 蒜頭 2 瓣

調味料

- ☐ 蠔油 1 湯匙
- ☐ 糖及鹽各半茶匙

做法

1. 西蘭花用手分成小朵狀，洗淨。
2. 燒熱水，放入西蘭花煮約 2 分鐘，盛起，瀝乾水分。
3. 用刀背先略拍蒜頭，再用刀或攪拌機製成蒜蓉。
4. 燒熱平底鑊，倒入適量油，放入蒜蓉炒至金黃色，下西蘭花翻炒，最後放入調味料炒勻即可。圖 1

TIPS

剝蒜頭有以下幾種不同的方法，輕鬆地能將蒜皮及蒜肉分離。

方法一： 將蒜頭放入空瓶子，搖動瓶子。

方法二： 配戴手套，用手輕輕地搓揉蒜頭。

方法三： 將蒜頭放入微波爐，叮 30-60 秒，取出後用手輕輕搓揉即可。

1

健康營養站

只吃一種食物可行嗎？

正常發育生長，需要通過各種食物補充七大營養素，沒有一款食物包含人體必需的所有營養，所以不要挑食，每天有沒有吃夠 12 款食物？當進食馬鈴薯或紅薯等薯類食物時，其他主食應適當減少些，因為薯類食物是被當作糧食一部分。

碳水化合物

身體的主要能量來源。

主要食物：穀類、薯類、雜豆類。

蛋白質

構成肌肉及各種組織的主要成分。

主要食物：禽畜肉、蛋類、海產、大豆及其製品、奶類及其製品。

脂肪

提供能量，維持人體溫度。

主要食物：禽畜肉、海產、油、堅果。

礦物質

構成人體組織及維持正常生理功能必需的各種元素。

主要食物：蔬菜類、水果類。

維他命

維持血液及組織正常運作。

主要食物：蔬菜類、水果類、堅果。

膳食纖維

促進腸臟蠕動，減少食物在腸道停留的時間，有助消化系統健康。

主要食物：穀類、薯類、蔬菜類、水果類。

水分

是構成身體主要成分之一，如人一般斷水 5-10 天即可危及生命。斷食至所有體脂及組織蛋白質耗盡 50% 時才會死亡；但斷水至失去全身水分 10% 就可能死亡。

蒜苗

蒜苗由蒜頭栽種而來，所以有很好的殺菌能力，對預防流感、防止傷口感染及驅蟲有一定幫助。

營養成分

熱量	66 千卡
碳水化合物	15.4 克
蛋白質	2.0 克
維他命 C	1.0 毫克
膳食纖維	2.5 克
脂肪	0.1 克

* 以 100 克可食用部分計算

別名：青蒜、蒜薹、蒜毫

科屬：石蒜科葱屬

收成時間：4-6 月

挑選心得

- 選深綠色，尾尖部分飽滿及呈翠綠色的。

儲存要點

- 少買些，盡快吃完。
- 放陰涼通風的室溫或雪櫃，蒜苗也不能久放，否則變黃不好吃。

蒜苗炒臘肉

材料

- □ 蒜苗 1 紮（約 400 克）
- □ 臘肉 10 片
- □ 葱花適量

調味料

- □ 糖半茶匙
- □ 生抽 1 湯匙
- □ 蠔油半湯匙

做法

1. 蒜苗洗淨，摘去尾部，切成段。圖 1
2. 燒熱平底鑊，倒入適量油，放入葱花炒香，下臘肉炒至透明，放入蒜苗翻炒，灑入生抽及糖炒勻。圖 2
3. 加蓋，轉小火待一會，上碟前加入蠔油拌勻即可。

TIPS

- 如喜歡吃口感軟甜的蒜苗，建議加蓋轉小火煮一會。
- 若嗜辣者，可加些豆瓣醬及乾辣椒，但蒜苗味重，鹹味調味料比一般菜要少放一點。

1

2

青豌豆

原產於數千年前的亞洲西部及地中海地區，青豌豆屬於雜豆類，現時很多人將新鮮青豌豆當作蔬菜般食用，所含碳水化合物較多。

營養成分

熱量	111 千卡
碳水化合物	21.2 克
蛋白質	7.4 克
維他命 C	14 毫克
膳食纖維	3.0 克
脂肪	0.3 克

* 以 100 克可食用部分計算

別名：寒豆、雪豆

科屬：豆科豌豆屬

收成時間：4-5 月、7-8 月

挑選心得

- 選顆粒圓圓及飽滿、色澤翠綠、無蟲蛀的，也可以用手捏一捏，老豌豆的質地比新鮮豌豆較硬。

儲存要點

- 新鮮豌豆灼水及用水沖涼後，吸乾表面水分，可儲放保鮮袋冷藏。

肉碎炒豌豆

材料

- □ 新鮮青豌豆 300 克
- □ 豬肉碎 80 克
- □ 葱花、薑蓉各適量

調味料

- □ 鹽半茶匙
- □ 糖半茶匙
- □ 生抽 1 湯匙

做法

1. 青豌豆洗淨，晾乾備用。
2. 燒熱平底鑊，倒入適量油，放入葱花及薑蓉炒香，倒入肉碎炒散及變色。圖 1
3. 加入青豌豆及調味料炒勻，稍加熱水，加蓋以小火待 10 分鐘，輕輕搖動平底鑊，上碟食用。圖 2

1

2

TIPS

- 市售的青豌豆有老有嫩，盡量挑選較嫩的，口感較佳。

香菇

香菇的栽培起源於中國，至今已有 800 多年的歷史。香菇是著名的藥用菌，歷代醫藥學家對香菇的藥性及功用都有著述，建議常吃。

營養成分

熱量	26 千卡
碳水化合物	5.2 克
蛋白質	2.2 克
維他命 C	1.0 毫克
膳食纖維	2.3 克
脂肪	0.3 克

* 以 100 克鮮香菇可食用部分計算

別名：花蕈、香信
科屬：光茸菌科香菇屬

挑選心得

- 上好的鮮香菇，表面乾燥，拿上手輕輕的，並非愈大愈好，而是菌傘厚、外形圓潤、緊實飽滿的，體形適中的口味最佳。
- 若顏色發黑、濕濕的、菌傘薄、邊緣全部打開，這些香菇口感較差，不好吃。
- 挑選乾香菇，以菇蒂褶皺緊密整齊的，整體色澤呈黃褐色；顏色偏紫紅過深的可能放置很久。

儲存要點

- 新鮮香菇放於陰涼通風地方，一般可保存 5-7 天。儲存前將外表受損及完好的香菇分隔開來，否則會影響保存期。

花椒香菇炒小棠菜

材料

- □ 小棠菜 200 克
- □ 鮮香菇 5 朵
- □ 花椒 5 顆
- □ 葱花適量

調味料

- □ 蠔油 1 湯匙
- □ 鹽半茶匙
- □ 糖半茶匙

TIPS

- 可以其他菇菌代替香菇，例如松茸、猴頭菇或秀珍菇，食味各有不同。
- 乾香菇的香味及口感也好，而且耐存；使用前需時泡發。圖 3

3

做法

1. 小棠菜摘好，洗淨備用；香菇去蒂，用濕布抹淨，切片。圖 1
2. 燒熱平底鑊，倒入適量油，待油溫熱加入葱花及花椒爆香，放入香菇翻炒至軟，下小棠菜炒勻。圖 2
3. 轉小火，最後加入調味料炒勻，上碟即可。

1

2

Part 2
家禽、肉類

豬肉

豬肉是餐桌上最常見的動物性食品，相比牛肉，其纖維組織更細軟，烹調加工後肉味鮮美，無論炒、燉、燒、烤、炸、燜等都很美味。

營養成分

熱量	143 千卡
碳水化合物	1.5 克
蛋白質	20.3 克
鐵	3.0 毫克
膽固醇	81 毫克
脂肪	6.2 克

* 以 100 克可食用部分計算

挑選心得

- 新鮮的豬肉有光澤、紅色色澤均勻，脂肪部分潔白，外表呈微乾或微濕潤。用手指按壓，凹陷部位立即恢復，表示豬肉彈性好。

儲存要點

- 用保鮮紙包裹，放於攝氏 4 度下，可保存 2-3 天。
- 急凍的豬肉不宜儲存超過 6 個月。

烹飪小課堂

看懂豬肉部位，烹調得法

大里肌（豬脊肉）

是較少運動的豬脊部位，肉質帶嚼勁，多製成炸豬扒、切片炒吃或火鍋配料。

適合烹調方法：香煎、熱炒、油炸、燒烤。

小里肌（腰內肉）

位於大里肌與腹部交界的部位，脂肪含量不高，肉質鮮嫩，纖維細。

適合烹調方法：香煎、快炒、油炸、火鍋。

五花肉

位於豬腹部位置，分成皮、油及肉三層，油脂豐富，肥瘦相間，口感嫩實，可製成煙肉、滷肉等，帶骨部位適合煮湯或烤焗。

適合烹調方法：快炒、燜滷、燒烤、煮湯。

梅花肉（上肩胛肉）

油脂分配適中，肥瘦相間，半筋半肉，口感有嚼勁，可做成叉燒、切塊快炒或火鍋薄片等。

適合烹調方法：快炒、香煎、燒烤、燉煮、紅燒。

胛心肉（下肩胛肉）

瘦肉較多，油脂少，部分帶筋，可製成丸子、肉餡，或燉湯及滷煮的材料。

適合烹調方法：快炒、滷煮、湯品。

松阪肉

位於臉頰與下巴部位，油脂豐富，帶粉色，有嚼勁、富彈性，可切片炒吃或川燙。

適合烹調方法：快炒、燒烤。

後腿肉

位於後腿部位，瘦肉較多，脂肪少，口感結實，常製成加工製品如香腸、火腿、肉乾，或製成肉餡。

適合烹調方法：快炒、燉煮、燒烤。

後蹄膀

皮厚，肥肉較多，肉質緊實，適合長時間燜煮、紅燒等。

適合烹調方法：燜煮、紅燒。

豬腳

含豐富的膠原蛋白，適合長時間滷煮或紅燒，豬前腳肉多嫩滑，肉質富彈性。

適合烹調方法：燉煮、紅燒、燒烤。

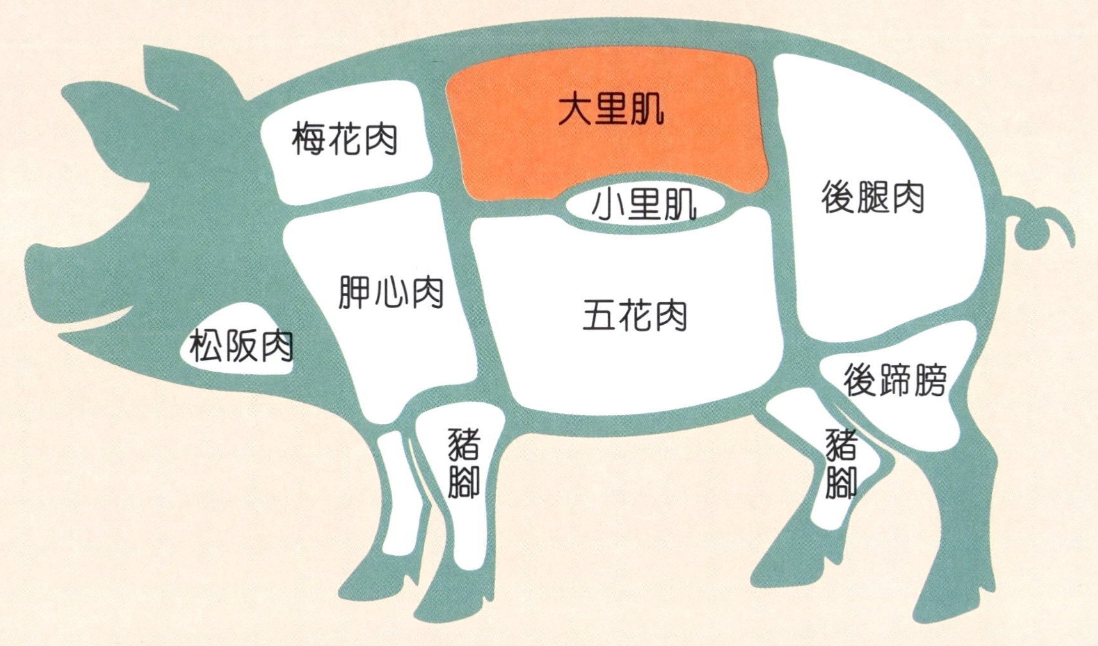

煙肉秋葵卷

材料

- ☐ 秋葵 200 克
- ☐ 煙肉 5 片

調味料

- ☐ 黑胡椒碎少許
- ☐ 橄欖油適量

TIPS

- 選脂肪部分少的煙肉，油脂量不多。
- 如煙肉的脂肪偏多，煎煙肉卷時可以省卻橄欖油。

做法

1. 秋葵洗淨，放入熱水內灼 1 分鐘，盛起，泡凍水待涼。圖 1
2. 煙肉切成三段，取其中一段，鋪上秋葵捲起，用牙籤固定好。圖 2
3. 燒熱平底鍋，放入適量橄欖油，排入煙肉秋葵卷略煎，撒上黑胡椒碎，翻轉煎熟，上碟即可。圖 3

1

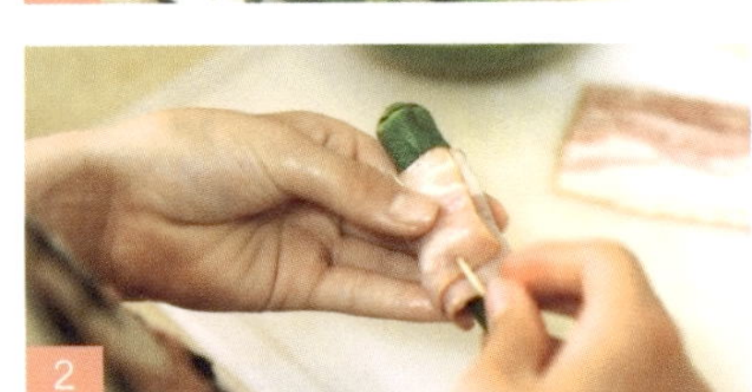

2

3

蓮藕排骨湯

材料

- ☐ 豬骨 300 克
- ☐ 蓮藕 2 節
- ☐ 薑 5 片
- ☐ 葱段 15 克

調味料

- ☐ 鹽 2 茶匙
- ☐ 料酒 3 湯匙

1. 用刨皮器去掉蓮藕皮，切成滾刀塊，浸於清水以免氧化變黑。圖 1、2
2. 排骨沖淨，用清水浸泡半小時，去除腥味及血水。
3. 煲內下冷水，放入排骨後開火，放入薑片、葱段及料酒飛水，取出排骨，用冷水沖淨。
4. 燒熱水，加入豬骨及蓮藕，轉小火煲約 1 小時 30 分鐘，灑入鹽調味即可。

1

2

TIPS

- 滾刀塊切法是將材料滾動起來切成塊狀，最後材料的面積較大，受熱度高。
- 切勿中途加水，會破壞材料的味道及風味。

牛肉

牛肉有健脾益腎、補氣養血、強筋健骨的功效。牛肉的脂肪含量較低，適合減肥人士食用；但正在發育及長體重的你，則要留意攝入適量的脂肪，這是均衡飲食的基本組成部分。

營養成分

熱量	107 千卡
碳水化合物	2.4 克
蛋白質	22.2 克
鐵	4.4 毫克
膽固醇	63 毫克
脂肪	0.9 克

* 以 100 克牛里脊可食用部分計算

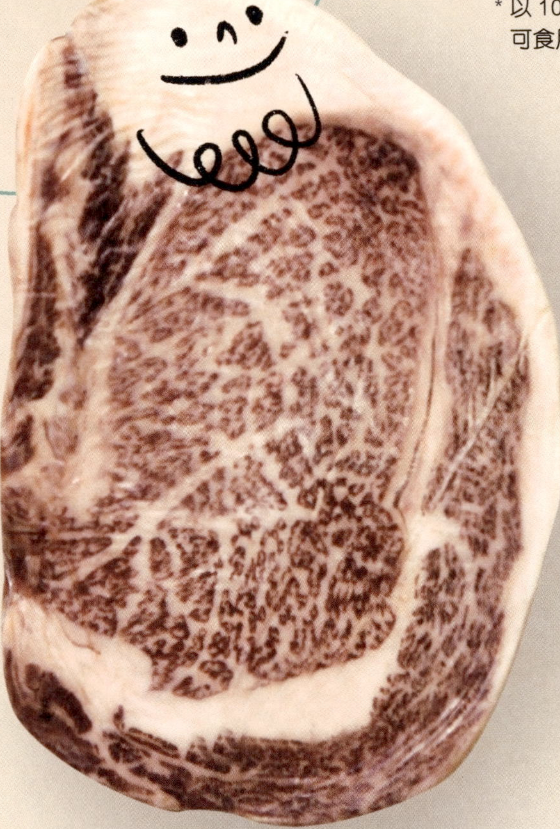

挑選心得

- **色澤：**選顏色鮮紅、有光澤，遠看有點反光的。如顏色暗淡發黃變灰的，則不要購買。
- **氣味：**有一股淡淡的血腥味及肉味，若有其他異味則不正常。
- **手感：**有彈性，用手指按下去很快回彈。

儲存要點

- 新鮮牛肉以保鮮紙或保鮮袋包好，可冷藏 1-2 天。
- 牛肉不宜被風吹，否則易乾變黑及變質。

金菇炒肥牛

材料

- ☐ 肥牛片 250 克
- ☐ 金菇 1 紮（約 100 克）
- ☐ 葱花適量

調味料

- ☐ 蠔油 2 湯匙
- ☐ 鹽及糖各半茶匙
- ☐ 生抽 1 湯匙
- ☐ 鮮醬油適量

做法

1. 金菇洗淨，去蒂，切段；肥牛片解凍，備用。
2. 燒熱鑊，倒入適量油，放入葱花炒香，下肥牛片炒至轉色，轉小火，加入金菇續炒至釋出水分。圖 1、2
3. 最後加入調味料炒勻，試味，即可上碟。

1

2

TIPS

- 以洋葱代替葱花起鑊，令肥牛帶有陣陣洋葱香氣。

香煎和牛杏鮑菇

材料

- □ 和牛 500 克
- □ 杏鮑菇 2 個
- □ 葱花適量

調味料

- □ 燒烤汁 2 湯匙
- □ 料酒 1 湯匙
- □ 生抽 1 湯匙
- □ 黑椒碎適量

做法

1. 和牛切成塊，加入料酒及燒烤汁拌勻，放入雪櫃冷藏待 30 分鐘以上。圖 1
2. 杏鮑菇用濕布抹淨，切塊。
3. 燒熱平底鑊，倒入少許油，放入葱花炒香，下和牛煎至轉色，加入杏鮑菇快炒，以黑椒碎及生抽拌勻，上碟享用。圖 2、3

1

2

3

TIPS

- 日本和牛是公認品質上乘的肉類，其大理石花紋明顯，口感多汁細嫩，風味獨特。

羊肉

羊肉美味又健康，特別適合冬季食用，有很好的抵禦寒冷的作用；但羊肉吃多了卻容易燥熱上火。

營養成分

熱量	103 千卡
碳水化合物	1.6 克
蛋白質	20.5 克
鐵	2.8 毫克
膽固醇	109 毫克
脂肪	1.6 克

* 以 100 克羊里脊可食用部分計算

挑選心得

- 新鮮羊肉富有彈性，用手指按下去立刻恢復；肉質表面微乾或微濕潤，不黏手。
- 肉質帶光澤，紅色均勻。
- 次等的羊肉有一股刺鼻難聞的異味。

儲存要點

- 新鮮羊肉可冷藏儲存 1-2 天；如放冰格最宜不超過 6 個月。

香烤羊腿骨

材料

- ☐ 羊腿骨 1 根
- ☐ 洋葱 1/4 個

調味料

- ☐ 鹽 2 茶匙
- ☐ 孜然粉 2 茶匙
- ☐ 糖 1 湯匙
- ☐ 蜜糖適量

做法

1. 羊腿骨沖洗乾淨，用水浸泡 1 小時去除血水；洋葱切成絲，備用。
2. 羊腿骨用洋葱絲、鹽、孜然粉及糖拌醃約 1 小時。圖 1
3. 用錫紙包好羊腿骨，放入焗爐以攝氏 180 度上下火烤 15 分鐘。圖 2
4. 取出羊腿骨，在表面塗上蜜糖及撒上孜然粉，放回焗爐烤 5 分鐘，讓羊骨表面焦脆入味，上碟享用。圖 3

1

2

TIPS

- 烤製期間塗抹蜜糖，目的令羊腿骨焦香脆口；如太熱滾燙未能完成此步驟，可省略。

3

煎法式羊扒

材料

- □ 法式羊扒 6 塊

調味料

- □ 料酒、黑椒醬各適量
- □ 迷迭香適量
- □ 海鹽半茶匙
- □ 黑椒碎及橄欖油各少許

做法

1. 羊扒洗淨，去掉血水，用料酒浸泡 10 分鐘，取出，塗抹黑椒醬，放入迷迭香輕輕按揉入味，醃約 15 分鐘。圖 1
2. 平底鑊放入少許橄欖油，下羊扒以大火煎 1 分鐘，翻轉再煎 1 分鐘，薄身羊扒翻 2 次，厚一點的再多翻 2 次，撒上少許海鹽及黑椒碎，上碟。圖 2、3

1

2

3

TIPS

- 羊扒毋須煎至全熟，否則肉質太韌影響口感。
- 市面有法式羊扒及中式羊扒出售，視乎自己喜好挑選。

雞肉

在日常飲食中，很多人將雞肉作為補身首選，列為「禽肉之首」的營養之源。

營養成分

熱量	145 千卡
碳水化合物	0.9 克
蛋白質	20.3 克
鐵	1.8 毫克
膽固醇	106 毫克
脂肪	6.7 克

* 以 100 克可食用部分計算

挑選心得

- 新鮮雞肉呈深粉色，無任何異味，輕按下去感到飽滿有彈力。如肉質呈暗褐色或灰黑，則代表不新鮮。

儲存要點

- 雞肉用保鮮袋包好，置於冰格可保存 6 個月，但建議 1 個月內吃完。

照燒雞腿

材料

- ☐ 雞腿 2 個

調味料

- ☐ 照燒醬 3 湯匙
- ☐ 胡椒粉適量
- ☐ 蜜糖 2 湯匙

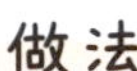

做法

1. 雞腿洗淨，用刀在表面斜劃兩刀，加入照燒醬、胡椒粉及蜜糖拌勻，放於雪櫃冷藏 1 小時入味。圖 1、2
2. 氣炸鍋內鋪上牛油紙，放入雞腿後在表面塗抹蜜糖，以攝氏 180 度烤 15 分鐘。
3. 將雞腿翻面，再塗上蜜糖，烤 10 分鐘即可。

1

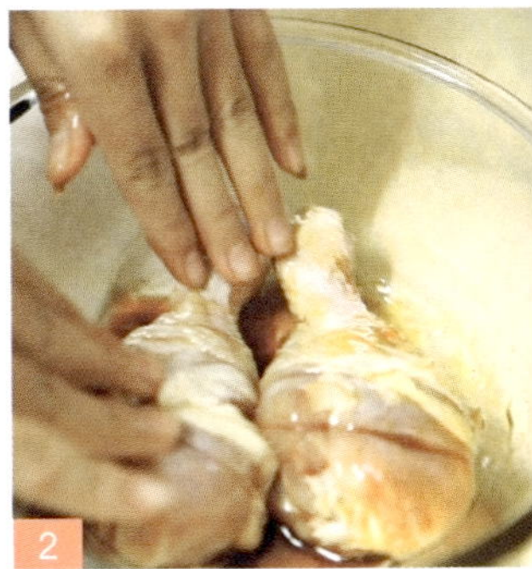

2

TIPS

- 如家裏沒有氣炸鍋，改以平底鑊也可以。將照燒醬加水調稀，倒入已煎至兩面金黃的雞腿，加蓋，用中小火燒至醬汁冒泡，開蓋收汁即可。

可樂雞翼

材料

- □ 雞中翼 12 隻
- □ 葱花及薑絲各適量

調味料

- □ 可樂 1 罐
- □ 鹽半茶匙
- □ 料酒、老抽及生抽各 2 湯匙

做法

1. 雞中翼用水浸泡 1 小時，換水沖洗乾淨。
2. 在雞中翼兩面各劃兩刀，或用叉在表面戳上小孔，放入料酒及生抽醃 15 分鐘。圖 1
3. 燒熱平底鑊，倒入適量油，放入葱花及薑絲炒香，放入雞中翼煎至變色，倒入可樂、鹽及老抽，轉中小火慢燉約 20 分鐘，至醬汁濃稠收汁，上碟享用。圖 2、3

1

2

3

TIPS

- 雞中翼川燙後不好醃，建議浸泡後醃製，既能去腥又易入味。
- 醬汁快要收濃時的速度很快，要密切留意，切勿煮得太乾，可將火力調小。圖 4

雞蛋

雞蛋幾乎含有人體需要的所有營養物質，特別提供了自然界中最優良的蛋白質，是人體成長及修復的重要元素。

營養成分

熱量	139 千卡
碳水化合物	2.4 克
蛋白質	13.1 克
鐵	1.6 毫克
硒	13.96 微克
膽固醇	648 毫克
脂肪	8.6 克

* 以 100 克可食用部分計算

挑選心得

- 選蛋殼表面光滑、沒有斑點及任何裂痕，而且有一種粗糙感的。

儲存要點

- 雞蛋大的一端向上，置於雪櫃保存，一般可以保存較長時間，但建議 10 天內吃完。
- 如將雞蛋打入碗內，見蛋黃有點散，代表雞蛋不大新鮮。

食材小知識

啡蛋殼、白蛋殼，營養有別？

最常見的雞蛋殼有淺啡色及白色，顏色的差別主要取決於雞隻的品種及遺傳方面，而且也因母雞體內製造蛋殼的色素不同有關，因此蛋殼的顏色與營養高低沒有很大關連。

蛋黃有深有淺，主要由於雞隻飼料色素有關，如飼料含較多類胡蘿蔔素，蛋黃顏色較深。

芝士
玉子燒

材料

- ☐ 雞蛋 3 個
- ☐ 牛奶 20 克
- ☐ 芝士 1 片

調味料

- ☐ 糖半茶匙
- ☐ 鹽少許
- ☐ 番茄醬適量

做法

1. 雞蛋在碗內打散，加入牛奶、糖及鹽拌勻。
2. 在玉子燒鍋內塗抹薄油，開小火，倒入三分一蛋漿迅速攤平，待蛋漿半凝固時，放入芝士片。圖 1
3. 用鑊鏟及筷子在燒鍋底端向上捲起，再將蛋卷推至頂端。圖 2
4. 在玉子燒鍋塗抹少量油，再倒入半份蛋漿，待蛋漿半凝固時再次捲起，如步驟 3 做法，餘下蛋漿做法相同。圖 3
5. 芝士玉子燒盛起，在表面擠上番茄醬享用。

1

2

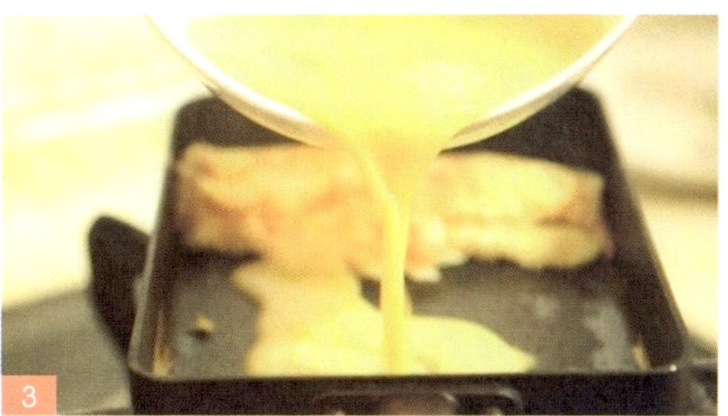
3

TIPS

- 最好使用玉子燒鍋製作，圓形鍋也可，卻做不出方方正正的形狀。
- 餡料可隨個人喜好變化，如用肉鬆、蟹柳、吞拿魚、紫菜等代替芝士。

Part 3
海產類

魚

不管是淡水魚還是海水魚，其營養成分大致相同，營養價值很高，蛋白質豐富。魚肉容易消化吸收，能修補傷口、降低膽固醇及血脂、預防心血管疾病等。每餐預備不同魚類做菜，可以輪流均衡攝取，令身體吸收滿滿的營養要素。

海水魚

常見的海水魚品種很多，如鱉魚、鱸魚、石斑、黃花魚、三文魚、吞拿魚、大眼魚等。海水魚含有豐富的維他命，例如維他命 C、D 及 E，具有抗氧化、增強免疫力等功能。此外，礦物質如鐵、鉀、鈣、碘等，有助人體機能運作及發育。

海水魚的奧米加 3 不飽和脂肪酸（DHA 及 EPA）有助腦部發育，提升記憶力及思考力，對兒童發育尤為重要。

淡水魚

生活在河溪或湖泊的魚，例如鯉魚、鯇魚、鯽魚及鱔魚等，蛋白質含量豐富，也能攝取維他命 A、D 及多種礦物質。在中醫觀點來看，鯉魚有健脾開胃、清熱解毒的功效；鯇魚溫中和胃、有溫補健身的作用。

清蒸銀鱈魚

材料

- ☐ 銀鱈魚 1 塊
- ☐ 葱段 5 克
- ☐ 薑片 3 克

調味料

- ☐ 鹽半茶匙
- ☐ 料酒 1 湯匙
- ☐ 鮮醬油少許

做法

1. 銀鱈魚洗淨、抹乾，灑入鹽及料酒抹勻，醃約 10 分鐘。圖 1
2. 將銀鱈魚放於碟上，鋪上葱段及薑片，蒸約 10 分鐘，取走薑葱，最後澆上鮮醬油即成。圖 2

1

2

- 入廚新手或初接觸烹飪的家政班同學，可選用電蒸鍋等無火煮食爐具，較簡單及易於掌握。

番茄煮龍脷柳

材料

- ☐ 龍脷魚柳 1 塊
- ☐ 番茄 2 個

調味料

- ☐ 番茄醬 2 湯匙
- ☐ 生抽及料酒各 1 湯匙
- ☐ 鹽半茶匙
- ☐ 糖 1 茶匙

做法

1. 番茄洗淨，切大塊；龍脷柳沖淨，吸乾水分，切塊（與番茄大小相同），加入生抽及料酒醃 15 分鐘或以上。圖 1
2. 燒熱平底鑊，倒入適量油，加入番茄翻炒，灑入鹽、糖及番茄醬炒至軟身出汁，下龍脷魚塊炒勻，待魚塊吸收番茄濃汁即可。圖 2

1

2

TIPS

- 緊記番茄醬與茄汁是不同的，茄汁含有糖及鹽等調味料，使用前要嘗一下味道，別令菜式太甜或太鹹。
- 烹調時不要加入水，番茄汁又濃又好味。
- 這個做法省時易做，而且營養豐富，適合 OL 或入廚新手製作。

蝦

蝦的營養豐富，熱量低，含優質蛋白質、維他命 B_{12} 及 E 等，有助預防心血管疾病、貧血、抗炎及提高抗氧化能力等。蝦肉鮮美，容易消化吸收，宜清蒸、煎、炒、煮、炸等，適合發育中的青少年食用。

營養成分

熱量	79 千卡
碳水化合物	1.5 克
蛋白質	16.8 克
鐵	3.0 毫克
鈣	146 毫克
鋅	1.4 毫克
膽固醇	117 毫克
脂肪	0.6 克

* 以 100 克可食用部分計算

挑選心得

- 選體形完整、蝦頭與蝦身緊密連接、肉質緊實及有彈性的蝦隻；如肉質鬆散及帶有腥臭味，代表不新鮮，不宜食用。

儲存要點

- 建議新鮮蝦現買現煮，不要放置太久。
- 如需要放於雪櫃片刻，緊記用水浸泡全隻蝦，以免發黑不好看。

白灼基圍蝦

材料

- □ 基圍蝦 20 隻

調味料

- □ 料酒 2 湯匙
- □ 鹽半茶匙

蘸汁

- □ 薑絲及葱絲各 5 克
- □ 生抽及鎮江醋各 1 湯匙
- □ 糖 1/4 茶匙

做法

1. 蘸汁材料拌勻，備用。
2. 鍋內燒滾水；此時處理蝦隻，洗淨，剪掉蝦鬚及蝦腳。
3. 將蝦放入熱水內，倒入料酒及鹽煮 2-3 分鐘，待蝦肉變成紅色，蘸汁享用。

TIPS

- 毋須剔除基圍蝦的蝦腸；蝦鬚不剪掉也可以。
- 白灼蝦的做法很簡單，待蝦肉轉成紅色即可盛起，別灼太久讓肉質變硬。

蝦仁炒青瓜

材料

- ☐ 大海蝦仁 5 隻
- ☐ 青瓜 1 條
- ☐ 新鮮冬菇 3 朵
- ☐ 葱花適量

調味料

- ☐ 鹽半茶匙
- ☐ 蠔油及生抽各 1 湯匙

做法

1. 青瓜洗淨，切片；冬菇用濕布抹淨，去蒂及切片。
2. 大蝦仁沖淨，吸乾水分，切大粒。圖 1
3. 燒熱平底鑊，倒入適量油，加入葱花炒香，下蝦仁及冬菇片炒至轉色，放入青瓜片翻炒，灑入調味料炒勻即可上碟。圖 2

1

2

TIPS

- 做這個快手菜好吃的秘訣是選用大海蝦仁，去掉的蝦殼及蝦頭別扔掉，用油煎出蝦油，取走蝦殼，再用蝦油炒蝦及青瓜，味道特別鮮香味美。

地中海忌廉蝦

材料

- ☐ 蝦 12 隻
- ☐ 牛油 40 克
- ☐ 淡忌廉 200 克
- ☐ 番茜適量

調味料

- ☐ 海鹽半茶匙

做法

1. 蝦洗淨，去頭、去殼及蝦腸，吸乾水分，備用。
2. 燒熱平底鑊，放入牛油煮溶，下蝦炒至蝦肉轉成紅色，灑入海鹽拌炒，再倒入淡忌廉炒勻，最後以番茜碎拌勻即可享用。

圖 1、2

1

2

TIPS

- 也可以加入蒜蓉起鍋，令蝦肉更香濃惹味；或以羅勒碎代替番茜，充滿地中海風味。
- 有點費勁的是剝蝦殼的步驟，需要耐心完成，烹調起來還挺容易，蝦肉容易熟透，變紅了趕緊下調味即可上碟。

蘑菇釀蝦滑

材料

- □ 蝦仁 150 克
- □ 蘑菇 12 顆
- □ 薑末適量

調味料

- □ 鹽半茶匙
- □ 料酒 1 湯匙
- □ 黑椒碎適量

做法

1. 蘑菇用濕布抹淨，去掉菇蒂，備用。
2. 蝦仁沖淨，吸乾水分，用刀剁成蓉，加入薑蓉及料酒拌勻至起膠，冷藏一會，隨後將適量蝦膠釀入蘑菇。圖 1、2
3. 燒熱易潔鑊，倒入橄欖油 2 湯匙，下蘑菇蝦膠煎至金黃，撒入鹽及黑椒碎調味。圖 3
4. 加蓋，以小火焖約 5 分鐘，蘑菇會釋出汁液，盛起享用。

1

2

3

TIPS

- 如時間不足，可購買現成的蝦滑，但大部分蝦滑已調味，可能需要自行減鹽。
- 加蓋燜蘑菇時會釋出汁液，毋須額外加水燜煮。
- 高小的學生可以幫忙釀蘑菇，度過親子烹調時間。

蠔

蠔是世界上第一大養殖貝類，目前已發現有 100 多種，全世界臨海各國幾乎都有生蠔，其總產量在貝類中居首位。在漢朝時期，已有插竹養蠔的技術，至今已有兩千多年的歷史。

營養成分

熱量	73 千卡
碳水化合物	8.2 克
蛋白質	5.3 克
鐵	7.1 毫克
鈣	131 毫克
鋅	9.4 毫克
硒	86.6 微克
膽固醇	100 毫克
脂肪	2.1 克

* 以 100 克可食用部分計算

別名：牡蠣、海蠣子、蚵仔

科屬：軟體動物門雙殼綱牡蠣目

挑選心得

- 選蠔肉飽滿、沒有劃痕，顏色微黃，蠔邊呈黑色、有彈性的。

儲存要點

- 新鮮的蠔當天享用最好；若吃不完，放於保鮮袋密封冷藏 2-3 天，儘快食用。

健康營養站

鋅，有何作用？

蠔，可能並非很多人平日經常食用的食物，特別是非沿海地區人士。蠔含有微量元素鋅，是眾多食物中含鋅量最高的食物，但缺鋅的情況挺常見：

❶ 人體缺乏鋅，導致免疫力下降，引起復發性口腔潰瘍、臉部痤瘡等。

❷ 兒童發育期間缺鋅，引致生長遲緩、食欲不振、味覺遲鈍甚至喪失、傷口不易癒合、容易受感染等。

❸ 青少年發育時期缺鋅，引起性成熟延遲、第二性徵發育障礙、性功能減退、精子過少等症狀。

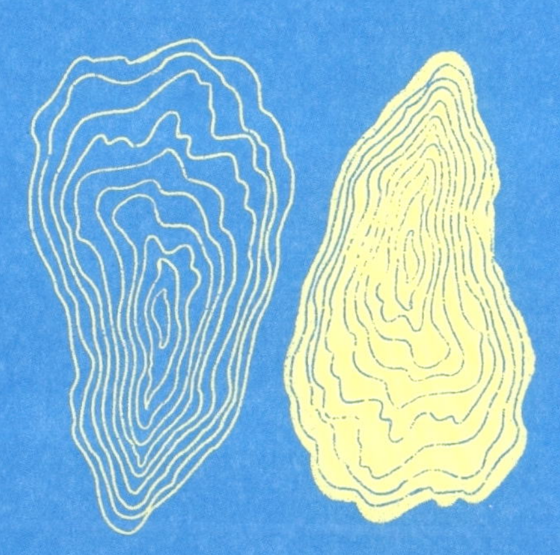

含鋅量高的食物

除了蠔穩佔第一位外，貝殼類海產、紅肉（特別是牛肉）、動物內臟都是鋅的良好來源。其他的還有乾果類、芝士、蝦等；而蔬菜及水果的含鋅量則很低。

蚵仔煎

材料

- □ 蠔仔肉 250 克
- □ 番薯粉 3 湯匙
- □ 雞蛋 3 個
- □ 青蒜 3 棵
- □ 薑蓉適量

調味料

- □ 鹽半茶匙
- □ 胡椒粉 1/4 茶匙

做法

1. 蠔仔肉沖洗乾淨，瀝乾水分；青蒜摘好洗淨，切碎備用。圖 1
2. 蠔仔肉、青蒜碎及薑蓉拌勻，加入雞蛋拌好，下番薯粉拌至沒有乾粉。圖 2
3. 燒熱平底鑊，倒入適量油，下適量蠔仔蛋液，抹平，煎至蠔仔餅能在鑊內晃動。圖 3
4. 將蠔仔餅翻面，待蛋液凝固，切件享用。

1

2

3

TIPS

- 蚵仔煎是潮汕地區的家常菜，沖洗蠔仔肉時加些生粉可去除沙泥，並留意挑走蠔仔肉的殘存蠔殼。
- 最好加入番薯粉拌蠔仔肉，有些人會用番薯粉及粟米粉混和使用。

Part 4
五穀、根莖類

大米

大米是長在水裏的水稻，通常於春天播種插秧，夏天時吐穗、開花及結子，待秋天收割後經脱殼及碾磨等加工程序後，成為可食用的大米。

營養成分

熱量	346 千卡
碳水化合物	77.2 克
蛋白質	7.9 克
鐵	1.1 毫克
鈣	8 毫克
膳食纖維	0.6 克
脂肪	0.9 克

* 以 100 克可食用部分計算

挑選心得

- 味道清香，無異味。包裝袋完好及呈真空狀態。

儲存要點

- 大米買回來後不宜存放太久，否則變色及有蟲蛀，最容易產生霉菌，千萬不要食用有霉菌的大米。
- 大米宜放在陰涼通風的地方，不要曝曬，這不能防止大米發霉生蟲。曾受日光曬過的大米因乾燥，吸濕能力更強，更易受潮發霉。

食材小知識

大米為甚麼有蟲蛀？

買回來的大米很乾淨，為甚麼會生蟲子蛀？

原來是米象蟲在作怪，此蟲長 2-3 毫米。由於水稻種植在泥地裏，可能帶上蟲卵，即使經過後期加工，還是有些蟲卵黏在大米，蟲卵非常小，長度只有 0.6 毫米，肉眼是看不到的。一般溫度於攝氏 20-40 度，濕度在 65-95%，僅一周蟲卵會孵化，從幼蟲、成蛹及成蟲。

另外，家裏儲存大米的器皿不會經常更換，有些蟲卵會存在器皿，有時很難完全清除，當溫度及濕度適宜，蟲卵就會被孵化出來。不過，也不必過份擔心，米象蟲不帶病毒，只要大米沒有變質，將蟲子掏洗乾淨，大米仍可食用。

如何對付小米蟲？

- 大米可以放雪櫃，以冷氣令小米蟲死亡。
- 大米放於陰涼乾燥處，可放 1-2 隻辣椒，其味有助驅除米象蟲等蟲子。

青瓜粟米蛋炒飯

材料

- ☐ 米飯 1 碗
- ☐ 雞蛋 2 個
- ☐ 青瓜半個
- ☐ 香腸 1 條
- ☐ 熟粟米粒少許

調味料

- ☐ 鹽半茶匙
- ☐ 鮮醬油少許

做法

1. 青瓜洗淨，與香腸同切成粒狀；雞蛋拂勻，備用。
2. 燒熱平底鑊，倒入適量油，放入蛋液炒散，盛起。圖 1
3. 鑊內倒入油，加入米飯及粟米粒炒勻，炒至米飯粒粒分明，下青瓜粒及香腸粒，灑入鹽翻炒，倒入炒好的蛋碎，上碟前以鮮醬油調味。圖 2

TIPS

- 想炒出粒粒分明的炒飯，可將米飯先冷藏。
- 炒飯的秘訣是快速翻炒至粒粒分明，不能躲懶呀！
- 如家裏使用無火煮食，可以給小朋友自己來一客自製炒飯。

1

2

手抓飯

材料

- ☐ 白米 350 克
- ☐ 羊腿肉 250 克
- ☐ 紅蘿蔔 1 個
- ☐ 洋葱半個

調味料

- ☐ 鹽半茶匙
- ☐ 孜然粉 1 茶匙

做法

1. 羊腿肉洗淨，切成塊狀〈約 2 厘米〉；紅蘿蔔刨皮，洗淨及切粒；洋葱去衣，洗淨及切絲。
2. 燒熱平底鑊，加入適量油，下洋葱絲爆香，放入羊肉塊炒勻，加入紅蘿蔔粒、鹽及孜然粉拌勻。圖 1、2
3. 倒入水 1 小碗，加蓋，以中小火煮 5 分鐘至入味，下已洗淨的大米炒勻。圖 3
4. 將米飯及材料倒進電飯煲，按掣煮飯，待完成後即可。圖 4

1

2

3

4

TIPS

- 傳統的手抓飯以鐵鑊焖飯，如怕黏鑊，將焖飯的工作交給電飯煲就可以了。
- 如不習慣手抓飯，維持自己吃飯的方式即可，總之舒服地品嘗就是了。
- 好吃的羊肉毋須添加醬油及料酒之類調味料，以去除羊羶味。

紫米飯糰

材料

- □ 紫米 300 克
- □ 午餐肉 50 克
- □ 油炸鬼 1 小條
- □ 青瓜 1/4 段

調味料

- □ 千島醬 1 湯匙

做法

1. 紫米掏洗乾淨，放入電飯煲及水分（比平常多少許水），按掣完成煲飯程序。圖 1
2. 燒熱平底鑊，放入午餐肉及油炸鬼煎香（毋須加油）；青瓜洗淨，切絲。
3. 桌面鋪上保鮮紙，放上微涼的紫米飯，抹平，塗抹一層千島醬，放上午餐肉、油炸鬼及青瓜絲，包起，收口處轉動收緊。圖 2、3
4. 享用時，用刀由中間切開兩半。

1

2

3

TIPS

- 餡料可隨個人喜好而變更，例如蟹柳、牛油果、煎蛋、肉鬆等。
- 若不喜歡紫米的口感，可以半份大米及半份紅米混合煲煮，同樣可做出紅米飯糰。

日式
茶泡飯

材料

- ☐ 米飯 1 小碗
- ☐ 玄米茶 1 包
- ☐ 海苔 2 片
- ☐ 日式梅子 1 顆
- ☐ 炒熟黑芝麻、木魚片各適量

調味料

- ☐ 日本醬油或生抽少許

做法

1. 海苔剪成幼絲；玄米茶用熱水泡好，待 10 分鐘。
2. 米飯盛於湯碗，放上海苔絲、木魚片、黑芝麻及梅子，澆上日本醬油。
3. 加入泡好的玄米茶浸過米飯，進食時攪拌均勻。圖 1

TIPS

- 日式茶泡飯的靈魂是鹽漬梅子，可用日本酵素梅，口感鹹甜。
- 通常用日式玄米茶炮製，或可用綠茶代替。
- 茶泡飯製作簡單，毋須用火，小朋友可一起參與。天熱時吃一碗茶泡飯，生津開胃。

1

烹飪小課堂

沏一杯好茶

茶葉分為綠茶、紅茶、黃茶、白茶、青茶及黑茶六大類。不同茶葉在沖泡時，對茶杯、水溫等都有差別，例如綠茶宜用攝氏 80-90 度水，用直筒形、厚底耐高溫的透明玻璃杯或白瓷蓋碗。紅茶宜用攝氏 95 度水，以紫砂、白瓷、紅釉瓷及暖色瓷茶具沖泡。

日常沏茶三要點：

1. 茶具需乾淨。
2. 倒茶時，一般七成滿即可，表示對客人敬意及友情；如水倒滿茶杯，既不好拿上手，喝着燙嘴，且有逐客之意。
3. 沏茶時將茶壺上下拉三次，這是一種傳統的行茶禮儀，表示對客人的敬意，也是對茶的敬意。注意不要太快，要輕柔溫和的。

麵粉

麵粉是由小麥磨成粉狀，是禾本科小麥屬植物，是製造麵條、麵包、中西式甜點等的重要食材。

營養成分

營養成分	
熱量	359 千卡
碳水化合物	74.1 克
蛋白質	12.4 克
鐵	1.4 毫克
鈣	28 毫克
膳食纖維	0.8 克
脂肪	1.7 克

* 以 100 克可食用部分計算

挑選心得

- 麵粉有分為高筋麵粉、中筋麵粉及低筋麵粉，視乎製作成品而選購哪類麵粉。

儲存要點

- 開封的麵粉要儲存於乾淨的密封容器，少與空氣接觸，以免受蟲蛀侵害。
- 放置於陰涼通風的地方。

食材小知識

綿軟的麵粉有「筋」？

麵粉調入水和成麵糰後，你可感受到它的「筋」，筋度代表麵粉內蛋白質含量的高低。如麵粉的蛋白質含量愈高，麵糰的筋度愈高。筋度愈大，其彈性愈強，口感愈韌，反之口感愈軟。這並非區別麵粉好壞的標準，要根據製作的麵點種類而選擇。

高筋麵粉

Bread Flour

蛋白質含量 12.5%-13.5%

麵糰筋度很高，拉扯不易斷，常製作具有彈性與有嚼感的麵包、麵條、貝果、薄餅等。在西式甜點中多用於千層酥或泡芙。

中筋麵粉

Plain Flour/All Purpose Flour

蛋白質含量 9.5%-12%

中筋麵粉也稱為多用途麵粉、普通麵粉、小麥粉等，用途非常廣泛，做出來的麵糰筋度、彈性及延展性屬中等，摸起來軟軟的，大多製作餃子、饅頭、葱油餅等。

低筋麵粉

Cake Flour

蛋白質含量 9.5% 以下

日本稱為薄力粉，筋力極低，做出來的麵糰彈性不足，延展性也不好，無嚼勁，適合用來製作蛋糕、批皮、撻皮、餅乾等西式點心。

自製餃子

材料

- □ 餃子皮適量

餡料

- □ 半肥瘦豬肉碎 300 克
- □ 葱碎、薑蓉各適量
- □ 鹽、生抽各少許
- □ 胡椒粉及油（後下）各少許

蘸汁料

- □ 鎮江醋 2-3 湯匙
- □ 蒜蓉 1 茶匙

做法

1. 餡料順一方向攪拌，加些水攪至帶黏性，最後加入少許油拌勻鎖緊水分。
2. 取一塊餃子皮，放入適量餡料，在邊沿塗抹水，對摺餃子皮，在中間輕捏一下，緊鎖邊沿，完成餘下的餃子皮。圖 1-3
3. 燒滾水，放入餃子後用筷子攪動，以免黏底。待水再煮滾後，倒入凍水，如是者進行 2-3 次，至餃子熟透。
4. 餃子盛起，伴蘸汁料享用。

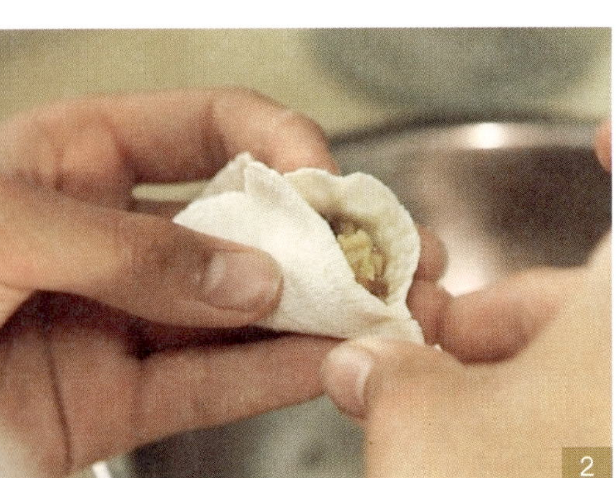

TIPS

- 也可自製餃子皮，方法是將麵粉放在大盤內，灑些鹽（煮時不易破），邊加入水邊攪拌，搓揉成光滑的麵糰，再切成大小一致的小麵糰，按扁成餃子皮。
- 如想餃子捏得好，可將餃子放在手掌的虎口位，用大拇指及食指抵着捏起的皮，靠中心擠一下即成形。
- 如時間許可，建議自行剁碎豬肉，比在外用絞肉機的筋度更好吃。
- 喜歡烹調的小朋友，可幫忙煮餃子，見餃子皮熟後，加蓋待餡料熟透，即可隔水盛起。

翠玉瓜煎餅

材料

- □ 翠玉瓜 1 個
- □ 紅蘿蔔半個
- □ 雞蛋 2 個
- □ 麵粉 150 克

調味料

- □ 鹽半茶匙

1

2

做法

1. 翠玉瓜及紅蘿蔔去皮，洗淨，刨成幼絲，放於大碗內。
2. 打入雞蛋拌勻，再灑入麵粉及鹽，攪拌至不見乾粉。圖 1
3. 平底鑊燒熱油，倒入麵糊鋪平，以小火煎熟，輕輕搖動平底鑊，翻面，煎至金黃色即可。圖 2

TIPS

- 翠玉瓜及紅蘿蔔刨成幼絲，吃入口綿軟，質感較佳。
- 熱油鋪滿整個平底鑊，煎餅時才不會黏着鑊底。
- 享用時可蘸沙律醬、茄汁或油醋汁；最常以醋、醬油及蒜蓉調配成汁食用。

葱油麵

材料

- ☐ 新鮮麵條 250 克
- ☐ 葱絲 20 克
- ☐ 蒜蓉 3 瓣
- ☐ 已炒白芝麻適量

調味料

- ☐ 生抽 3 湯匙
- ☐ 老抽 1 湯匙
- ☐ 糖半茶匙

做法

1. 調味料混和成醬汁，備用。
2. 平底鑊燒熱油，放入葱絲及蒜蓉炒香，倒入調味醬汁，加蓋，以小火煮 1 分鐘，盛出成為葱油。圖 1
3. 鍋內燒熱水，放入麵條煮開，水沸時加 2-3 次涼水至滾，盛起麵條，沖水。圖 2
4. 麵條盛於碗內，拌入葱油，最後撒上白芝麻即成。圖 3

1

2

3

TIPS

- 煮麵時加幾滴食用油或適量鹽，以免水溢出，而且煮出來的麵條筋度十足，不會煮爛。
- 葱油以生抽及老抽調成，所以麵條毋須額外添加鹽。
- 炒煮葱油時，可多放些油，煮好的葱油吃不完，可放進雪櫃儲存。

自製乾脆麵

材料

- □ 掛麵 100 克

調味料

- □ 蠔油 4 湯匙
- □ 糖半湯匙
- □ 鹽及五香粉各 1/4 茶匙

做法

1. 燒滾半鍋水，放入掛麵煮 3 分鐘，用筷子攪拌，以免黏底，煮至八成熟，盛起。
2. 掛麵沖水至涼，瀝乾水分，盛於大碗內。
3. 調味料拌勻，調製成醬汁，倒入掛麵內，與油一併拌勻。
4. 將掛麵薄薄地放入氣炸鍋，以攝氏 180 度烘 12 分鐘，開蓋，取出放涼即可。圖 1

1

TIPS

- 無論小朋友或成年人，都喜歡吃脆脆的乾麵，包裝乾麵的食物添加劑較多，不如試做這個方法，健康安全得多。
- 掛麵的分量可以多加 20-30 克；調味料的分量需要自行試味，才能找到最佳的口味，建議口味淡些。

健康營養站

注意隱形「鹽」

「少鹽少油」，很多人都知道，但做到還是有點難度。特別提醒大家，少鹽除了控制看得見的鹹味調味料，例如鹽、醬油、醬料等，還有很多隱形的鹽需要留意。市面出售的包裝食物，如乾麵的鈉含量〈即含鹽部分〉有時還不低，若再以鹽或醬油調味成湯麵，攝取的鹽分真不健康呢！

香烤漢堡包

材料

- ☐ 漢堡包 1 個
- ☐ 雞蛋 1 個
- ☐ 牛肉 50 克
- ☐ 生菜 1 片
- ☐ 番茄半個
- ☐ 酸青瓜適量
- ☐ 洋葱 30 克

調味料

- ☐ 黑胡椒碎少許
- ☐ 料酒 1 湯匙
- ☐ 芥末醬適量

做法

1. 洋葱切碎，用熱油炒香，盛起，加入牛肉拌勻，以黑胡椒碎、料酒及雞蛋拌勻，待涼。
2. 番茄洗淨，切厚片。
3. 將牛肉餡捏成圓餅狀，放入熱油煎至表面焦香，盛起。
4. 漢堡包烤至金黃，放上牛肉餡、生菜、番茄片、酸青瓜及芥末醬，一個肉汁味香的漢堡包即成。

TIPS

- 煎肉餅不容易，太厚的不好熟，火太大又容易燒焦，也不好多次翻面破壞形狀。
- 加入洋葱碎的牛肉漢堡，格外香氣誘人。

至尊薄餅

薄餅底材料

- ☐ 高筋麵粉 70 克
- ☐ 低筋麵粉 20 克
- ☐ 鹽半茶匙
- ☐ 乾酵母粉 1 克
- ☐ 牛奶 40 克
- ☐ 糖及橄欖油各 1 茶匙

餡料

- ☐ 紫椰菜、蘑菇各適量
- ☐ 莎樂美腸、蝦仁各適量
- ☐ 迷迭香適量

調味料

- ☐ 莫札瑞拉芝士碎（Mozzarella）適量
- ☐ 薄餅醬或番茄醬各適量

做法

1. 將薄餅底材料放進麵包機揉麵發酵，或自行搓揉麵糰，發酵約 1 小時。
2. 桌面灑上麵粉，放上麵糰按壓，用擀麵棒壓成圓形，放於墊有牛油紙的焗盤，用叉子戳上小孔，以免麵糰鼓起。圖 1、2
3. 紫椰菜洗淨，抹乾，切絲；蘑菇抹淨，切片。
4. 在薄餅底塗上一層薄餅醬，撒上紫椰菜絲及蘑菇片，再灑上芝士碎。圖 3
5. 鋪上香腸及蝦仁，最後撒上芝士碎及迷迭香，放入焗爐中層以攝氏 180 度上下火烤 20 分鐘，即成。圖 4

1

2

3

4

TIPS

- 可購買現成的薄餅醬、意粉醬或番茄醬，省時方便。或自行用牛油炒香蒜蓉及洋葱碎，再加入番茄、鹽及胡椒碎煮成。
- 餡料可應個人喜好而定，排放次序如下：薄餅醬、蔬菜、芝士碎、肉類或海鮮、芝士碎。盡量選水分少的蔬菜，以免薄餅底糊成一團。
- 對於年紀較小的孩子，可以將鋪餡料的重任交給他們。

粟米

粟米原產於南美洲，現時全球的熱帶及溫帶地區都有廣泛種植，粟米引進至中國的時間大約在十六世紀。

粟米的營養價值很高，內含的葉黃素及玉米黃素能保護眼睛、減低黃斑病變。此外，粟米含豐富維他命 B 及 C，抗氧化功能高，預防心臟病等都市病。可是，粟米的熱量高，尤其糖尿病者要小心食用分量。

營養成分

熱量	112 千卡
碳水化合物	22.8 克
蛋白質	4.0 克
維他命 C	16 毫克
膳食纖維	2.9 克
脂肪	1.2 克

* 以 100 克可食用新鮮粟米計算

別名：玉蜀黍、玉米

科屬：禾本科玉蜀黍屬

收成時間：7-12 月

挑選心得

- 帶有外皮的粟米，要選表皮新鮮及翠綠、緊緊包裹粟米芯的，摸上手帶濕潤及粟米顆粒完整的。
- 有一陣清香之味，而不帶酸味。
- 如粟米鬚特別翠綠，代表未成熟，建議不要購買。

儲存要點

- 新鮮粟米毋須去掉外皮及清洗，放入保鮮袋冷藏能保存較長時間。

粟米粒粒炒松子仁

材料

- ☐ 新鮮粟米粒 400 克
- ☐ 松子仁 20 克
- ☐ 紅蘿蔔半個
- ☐ 青瓜 1/4 個

調味料

- ☐ 鹽半茶匙
- ☐ 糖 1 茶匙
- ☐ 生粉 1 湯匙

做法

1. 紅蘿蔔及青瓜洗淨，切粒備用。
2. 燒熱鑊，下少許油，放入紅蘿蔔粒炒至半熟，再加入青瓜粒再炒 1 分鐘。
3. 下粟米粒炒勻，灑入鹽及糖拌勻，以生粉水埋獻，最後撒上松子仁炒勻，上碟享用。

TIPS

- 埋獻是讓菜式的汁料較稠，生粉與水的比例一般是 1 比 3，要小心拿捏。

馬鈴薯

馬鈴薯原產於南美洲，十六世紀傳入歐洲，並逐漸傳到世界各地，成為歐洲人的主要食糧。

馬鈴薯含有大量澱粉質、維他命 C 及纖維，連皮食用馬鈴薯可減慢升糖指數。另外，消化馬鈴薯期間容易產生氣體，令胃腸脹氣不適。

營養成分

熱量	81 千卡
碳水化合物	17.8 克
蛋白質	2.6 克
維他命 C	14 毫克
膳食纖維	1.1 克
鉀	347 毫克
脂肪	0.2 克

* 以 100 克可食用部分計算

別名：土豆、薯仔、洋芋、洋番芋

科屬：茄科茄屬

收成時間：1-2 月、5-7 月

挑選心得

- 新薯體小偏圓，外皮較薄，口感綿滑，適宜蒸及焓；街市售賣的馬鈴薯可煲湯；焗薯體型較大，口感粉糯，可做成焗薯或炸薯條。
- 馬鈴薯有不同品種，包括白皮、黃皮、褐皮、紅皮等，紅皮馬鈴薯的抗氧化較高。
- 馬鈴薯發芽則不要選，以防食物中毒。

儲存要點

- 儲存於陰涼、乾燥的地方，可保留較長時間。

氣炸薯條

材料

☐ 馬鈴薯 1 個（約 300 克）

調味料

☐ 鹽半茶匙
☐ 黑胡椒碎適量
☐ 橄欖油 2 湯匙

TIPS

- 薯條要趁熱吃，外脆內軟；如回潮變軟，再放入氣炸鍋待數分鐘就可以。
- 低年級的同學也可輕鬆完成，只要切薯條時務必小心，或請父母幫忙切薯條，其餘步驟可依做法而成。

做法

1. 馬鈴薯刮去外皮，洗淨，切成粗條。圖 1
2. 薯條用鹽及黑胡椒碎拌勻，倒入橄欖油拌好。
3. 薯條放入氣炸鍋，以攝氏 180 度氣炸 15 分鐘，翻動薯條再炸 5 分鐘。圖 2

1

2

番薯

番薯原產於美洲，傳說由哥倫布帶到西班牙，再傳入非洲及南亞島國，最早傳進中國是在明朝後期。

番薯含豐富 B 胡蘿蔔素，有助維持良好視力，而且大量的膳食纖維能降低膽固醇，預防血管粥樣硬化及心臟病，改善便秘。但注意不要生吃番薯，容易引起腹脹。

營養成分

熱量	56 千卡
碳水化合物	13.4 克
蛋白質	0.9 克
維他命 C	13 毫克
膳食纖維	0.8 克
脂肪	0.1 克

* 以 100 克可食用部分計算

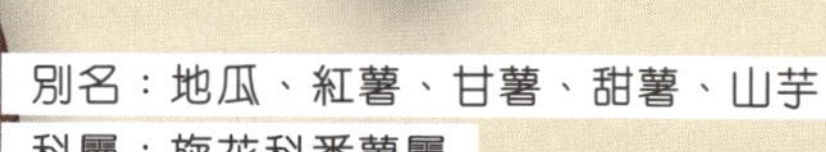

別名：地瓜、紅薯、甘薯、甜薯、山芋

科屬：旋花科番薯屬

收成時間：3-4 月、8-10 月

挑選心得

- 市面有黃心番薯、紅心番薯及紫心番薯。黃心番薯口感綿軟，能增強免疫力；紅心番薯熱量低，有護眼、預防心血管疾病的功效；紫心番薯的膳食纖維高，含花青素，能抗氧化、抗老及護心。
- 表面泥土較乾的，表示晾置一段時間而水分減少，糖分較高，味道較甜。
- 放置的時間別太久，出現了皺褶就別買了。

儲存要點

- 放置於陰涼通風處；表面有黑點或外皮磨損的不利儲存。

微波爐烤番薯

材料

☐ 番薯 3 個

做法

1. 番薯洗淨，用廚房紙包裹，弄濕廚房紙。圖 1
2. 將番薯放入微波爐，按高火加熱 5-10 分鐘，翻面後再加熱 5 分鐘，用筷子戳入測試是否已熟，趁熱享用。

1

TIPS

- 使用微波爐，比用蒸鍋及烤箱更省時。如方便，放入電飯煲後加點水，按掣煮熟也可。
- 若喜歡焦糖口感，可多加熱 1-2 分鐘。

Part 5
甜品、小吃類

烘焙常用的材料

對剛接觸烘焙的人來説，琳琅滿目的粉料、乳製品及糖類，總讓人昏倒。就讓我們慢慢認識，觀察材料在烘焙過程中引發的神奇變化，以及帶來的奇妙效果，讓你感受到烘焙的樂趣。

粉類

麵粉

分為高筋麵粉、中筋麵粉及低筋麵粉，針對炮製各式製成品而選用不同特質的粉料（詳見 p.77 介紹）。

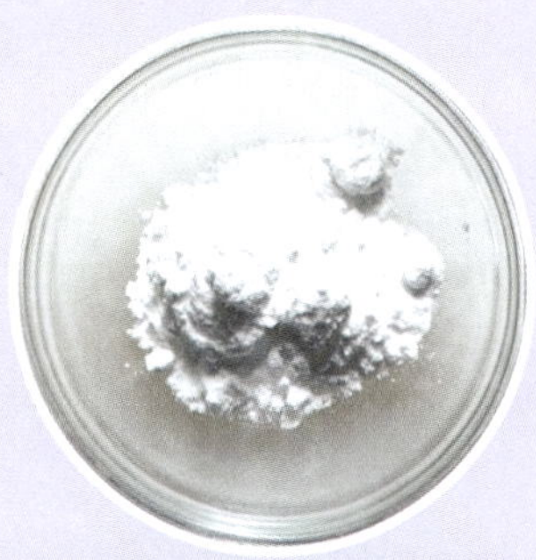

粟粉

含有少量脂肪及蛋白質，吸濕性強，能增加蛋糕的鬆軟口感。

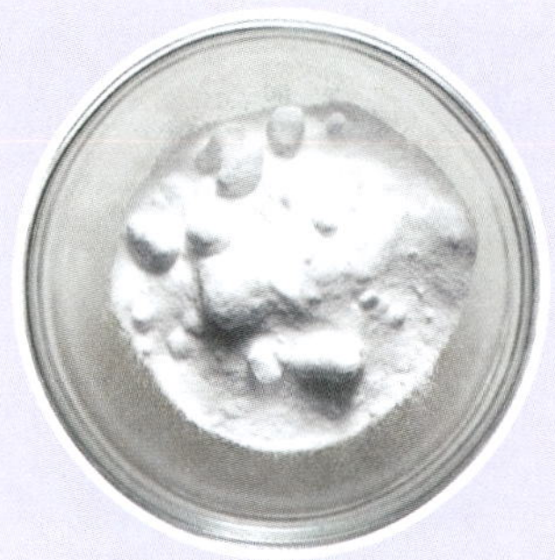

泡打粉

使麵糰及麵糊膨脹，令蛋糕產生膨鬆的口感，建議購買無鋁泡打粉。

可可粉

去掉可可豆內的可可脂，將餘下部分磨成粉，加進甜品糕點中帶有可可味道，熱量比朱古力低。

乳製品類

牛油

是動物性油脂，由鮮奶的脂肪含量最豐富中提煉而來，分為有鹽及無鹽兩款，一般常用無鹽牛油，不會影響成品的風味；如食譜中牛油使用量不多，兩者均可使用。此外，打發的牛油可當作膨鬆劑，讓麵糊膨脹，口感鬆軟。

植物油

在烘焙製作中，必須使用無味的植物油。若太濃郁的植物油如花生油，容易掩蓋甜點的天然清香味道。應用較廣泛的植物油有粟米油及橄欖油。

淡忌廉

由鮮奶提煉而成，打發後有蓬鬆滑溜的口感，加入糖會帶甜味。打發忌廉需掌握時間，若打發時間太久會變成水；若時間不足則會塌下。開封後宜密封處理，可冷藏保存，但不要冷凍，否則水油分離而無法打發。

忌廉芝士

用鮮牛油發酵而成的未成熟全脂芝士，色澤奶白、質地細膩、清香酸爽，是製作芝士蛋糕的材料。

糖類

糖是烘焙中不可或缺的材料，不單是甜味劑，也具有吸水性，如在配方中減少糖量，要適當提高烘烤溫度或延長時間。另外，糖有助發酵及打發、穩定蛋白泡，還具有焦化作用，令成品容易上色。

細砂糖

由甘蔗加工製成，顆粒小易溶解，故大部分烘焙食品會使用細砂糖。在餅乾製作中不僅能調味，也能起到膨鬆的作用。

糖粉

是磨成粉末的砂糖，並含有 3%-10% 粟粉，具有防潮及防止顆粒黏結的作用。糖粉顆粒細小，容易與麵糊融合，對油脂有良好的乳化作用。在餅乾製作中達到定型的效用。

蜂蜜

色澤較深的天然甜味劑，比一般糖更易上色，使成品呈現金黃色。

烘焙常用的工具

焗爐、焗盤及烤網

分成大型及小型焗爐，箱體愈大受熱愈均勻，本書選用的是有上下火調校的焗爐。焗盤需配備兩個，以烘焗麵包、餅乾及蛋糕等。烤網可烤雞翼、肉串，還用作麵包及蛋糕的冷卻架。

手動打蛋器

適宜簡單混合。

攪拌碗

準備二至三個 20 厘米直徑的不銹鋼或玻璃攪拌碗，碗底呈圓弧形的較易攪打。

過濾篩網

用於篩勻粉類，以製成綿滑的蛋糕，也可用於烘焙品篩粉裝飾。

硅膠刮刀

用於混合翻拌麵糊材料，也可將攪拌碗的材料刮取乾淨。

方形刮板

用於切割麵糰，也可切拌、混合牛油及麵粉。宜選用底部兩端呈圓角狀，方便沿碗底刮淨材料。平整一端作麵糰切板，或抹平蛋糕、麵糊。

硅膠掃子

常用於表面塗蛋液或蜂蜜。硅膠材質易於清潔及保存。

分蛋器

能夠將蛋黃及蛋白分開，適合初學者使用。

牛油紙

具有耐高溫、耐摺、防油及防水的功能，常用於防黏。

隔熱手套

焗爐高達攝氏 200 度或以上，戴好隔熱手套以免燙傷。

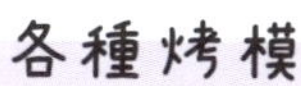

各種烤模

準備 6 吋圓模、方形烤模及蛋糕卷模具等。

電動打蛋器

適合用於打發蛋白、忌廉或蛋液。

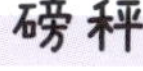

磅秤

有些磅秤可稱量至 0.01 克，分量更仔細。稱量時緊記扣除容器的重量。

攪拌機

可以打肉餡、磨乾豆粉、榨汁及刨冰等，用途廣泛。

朱古力曲奇

材料（可製成約 30 片）

- ☐ 低筋麵粉 100 克
- ☐ 粟粉 100 克
- ☐ 可可粉 20 克
- ☐ 雞蛋 1 個（60 克）
- ☐ 糖粉 60 克
- ☐ 鹽 1 克
- ☐ 無鹽牛油 80 克
- ☐ 耐溫朱古力豆 40 克

做法

1. 牛油放於室溫；低筋麵粉、粟粉、可可粉及鹽混合。
2. 將軟化牛油用打蛋器攪打至發白及微膨脹（毋須打發），加入糖粉攪打均勻。圖 1
3. 蛋液分三次加入牛油內，每次攪拌均勻。
4. 粉料篩入牛油蛋液中，用刮刀翻拌至沒有乾粉，切割成 15 克小麵糰，搓圓，按扁，撒上耐溫朱古力豆。圖 2、3
5. 預熱焗爐至攝氏 170 度，焗盤鋪上牛油紙，排上餅乾麵糰焗 18 分鐘即成。圖 4

1

2

3

4

TIPS

- 不想朱古力豆掉下來，可輕輕按壓入麵糰。
- 油及糖的分量已減至最少，再減少則影響口感了。
- 年紀小的孩子絕對可以完成這款曲奇。

巴斯克芝士蛋糕

材料

- □ 忌廉芝士 250 克
- □ 細砂糖 60 克
- □ 雞蛋 2 個
- □ 淡忌廉 120 克

做法

1. 忌廉芝士提早 30 分鐘從雪櫃取出，在室溫軟化，用手指可輕鬆按壓。
2. 忌廉芝士放入攪拌碗內，灑入細砂糖攪打均勻。圖 1
3. 蛋液分兩次加入，每次攪勻。倒入淡忌廉再攪打。
4. 預備 6 吋圓模，鋪上牛油紙，倒入麵糊至均勻，放入焗爐以攝氏 200 度上下火焗 12-15 分鐘。圖 2
5. 芝士蛋糕取出，室溫待涼後放入雪櫃冷藏一晚食用。

1

2

TIPS

- 源自西班牙的經典甜品，是一款半熟重芝士蛋糕，外表焦黑、內裏綿密順滑，有濃郁的芝士香味，入口即化。
- 剛出爐的巴斯克芝士蛋糕軟軟的，冷藏過程令蛋糕凝固，建議冷藏一晚後食用。
- 圓形模具沾點水，牛油紙可貼合得更穩固。
- 烤焗時間要視乎每家爐具不同而調整，表面上色滿意即可，如喜歡表層呈焦黑效果，可放於焗爐中上層烤焗。

蜂蜜鬆餅

材料

- ☐ 低筋麵粉 100 克
- ☐ 細砂糖 27 克
- ☐ 雞蛋 2 個
- ☐ 蜂蜜 10 克
- ☐ 鹽 1 克
- ☐ 牛奶 30 克
- ☐ 粟米油 10 克

做法

1. 雞蛋黃及蛋白分開，放於無油無水容器內。
2. 蛋黃、牛奶、蜂蜜、粟米油及鹽打勻，篩入低筋麵粉攪拌均勻。
3. 蛋白加入細砂糖打發成挺身的蛋白霜。圖 1
4. 將蛋白霜及蛋黃混合物翻拌均勻成幼滑麵糊。
5. 平底鑊開小火，舀一勺麵糊煎成圓餅狀，麵糊膨脹後表面出現小氣泡，見小氣泡消失即可翻面，再略煎一會，上碟。圖 2
6. 享用時趁熱放入牛油或芝士，再澆上蜂蜜。

1

2

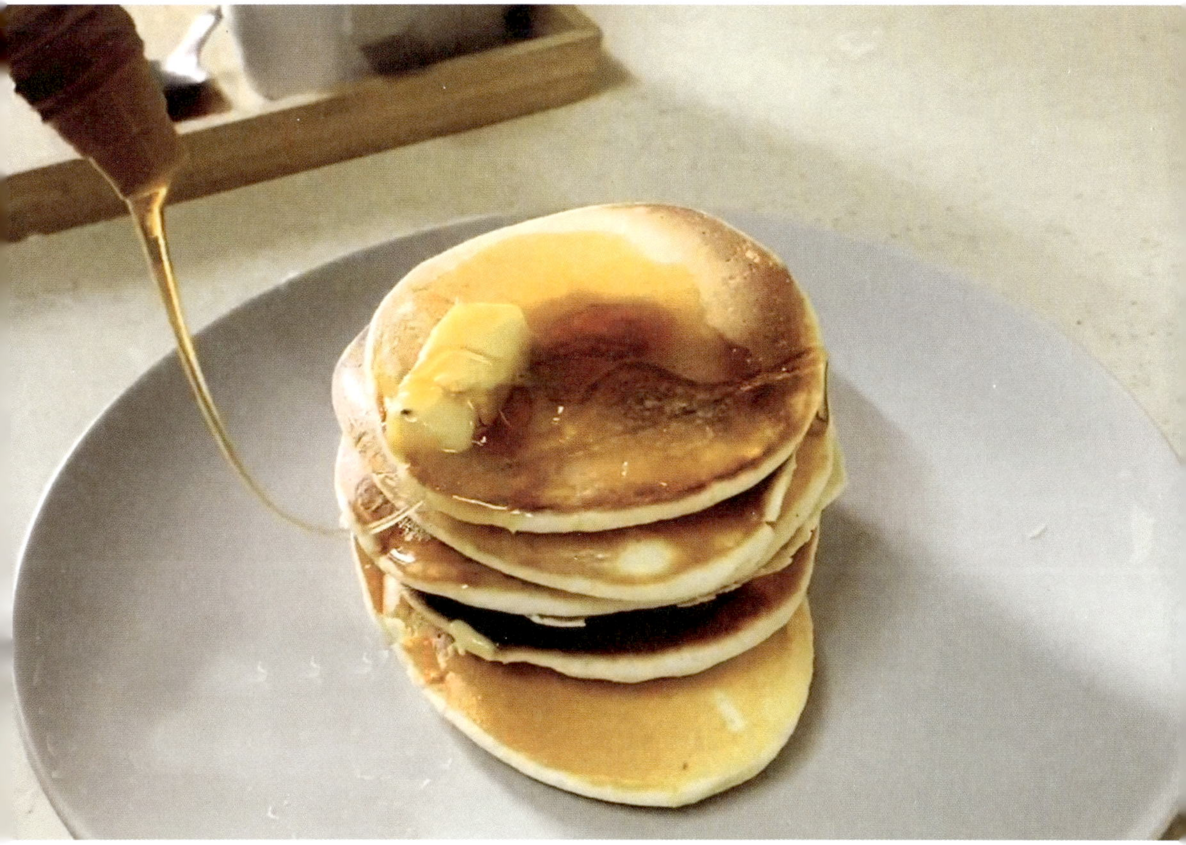

TIPS

- 每次只煎兩至三塊鬆餅，否則麵糊膨脹後會黏在一起。
- 煎鬆餅時緊記調至小火，否則餅皮上色不均；或可預備一塊濕布，每次下麵糊前將平底鑊放濕布一會降溫。

豆沙一口酥

材料

- ☐ 低筋麵粉 200 克
- ☐ 無鹽牛油 100 克
- ☐ 糖粉 40 克
- ☐ 雞蛋 1 個
- ☐ 豆沙餡及黑芝麻各適量

做法

1. 無鹽牛油從雪櫃取出，在室溫軟化成膏狀。
2. 牛油與糖粉用電動打蛋器打發至膨鬆，蛋液分兩次加入，打至融合。圖 1
3. 篩入低筋麵粉，揉成幼滑麵糰，擀成約 3 毫米長薄片，放於保鮮紙上。
4. 豆沙餡搓成長幼條，放於長薄片麵糰上，捏成圓長條，冷藏 30 分鐘。圖 2
5. 取出，用刮板切成一口大小形狀，放於墊上牛油紙的焗盤上，塗抹蛋液兩次，最後撒上黑芝麻。圖 3
6. 預熱焗爐至攝氏 180 度，放入中層以上下火焗約 20 分鐘。

1

2

3

TIPS

- 如豆沙餡太甜，可以酌減糖分。糖分令酥餅有酥鬆的口感，故不要減得太多。

花生酥

材料

- ☐ 花生仁 200 克
- ☐ 低筋麵粉 200 克
- ☐ 植物油 120 克
- ☐ 糖粉 100 克
- ☐ 蛋黃液適量

做法

1. 花生仁放入攪拌機打碎，保留部分整顆花生仁裝飾用。
2. 花生碎、糖粉及低筋麵粉混和，倒入植物油，用刮刀翻拌成麵糰。圖 1
3. 將麵糰分成每個 15 克，搓成圓球，放在墊上牛油紙的焗盤，按壓成小餅，表面放上半顆花生仁，輕抹蛋黃液。圖 2
4. 預熱焗爐至攝氏 150 度，放入酥餅以上下火焗約 15 分鐘，取出待涼即可品嘗。

1

2

TIPS

- 若不喜歡花生衣，可先去掉才打碎，口感更細膩。
- 爐溫不要調得太高，容易烤至焦燶不好看。

可可奶凍

材料

- ☐ 牛奶 300 克
- ☐ 糖粉 40 克
- ☐ 粟粉 12 克
- ☐ 魚膠片 15 克
- ☐ 可可粉 15 克

做法

1. 魚膠片用冷水浸軟。
2. 牛奶倒入鍋內，篩入糖粉、粟粉及可可粉攪拌均勻，開小火加熱至冒熱氣，放入魚膠片拌至溶化，熄火。圖 1
3. 倒入乾淨的模具內，冷藏 5 小時至凝固。脫模後切塊，撒上可可粉即可享用。

1

2

TIPS

- 魚膠片必須用冷水浸泡，遇熱水會立即溶化。圖 2
- 將可可奶凍放入牛奶中，邊喝牛奶邊享受可可奶凍的質感。
- 也可將煮成的牛奶混合物倒入布甸杯，成為可可布甸。

紅豆雙皮奶

材料

- □ 牛奶 250 克
- □ 雞蛋 2 個
- □ 砂糖 15 克
- □ 蜜紅豆適量

做法

1. 牛奶倒入小鍋，煮至鍋邊見有小泡冒出，熄火。圖 1
2. 牛奶倒入碗內，靜置片刻，待奶皮浮出。
3. 蛋黃及蛋白分開，蛋白與砂糖輕輕拌勻，牛奶緩緩地倒入蛋白中，奶皮留在碗底內。圖 2
4. 牛奶與蛋白混合攪打，倒回碗內。包上耐熱保鮮紙，蒸 10 分鐘。
5. 取出，撒上蜜紅豆，冷熱吃皆可。

1

2

TIPS

- 雙皮奶講究滑嫩，蛋白愈多口感愈硬，所以按比例計算，100 克牛奶配 20 克蛋白最適合。

麋鹿棒棒糖

材料

- □ 棉花糖 6 顆
- □ 鹹圈餅乾 6 塊
- □ 鹹棒餅乾 6 條
- □ 糖豆眼珠 12 顆
- □ 黑朱古力適量

做法

1. 將餅乾條插進棉花糖；鹹圈餅乾對半切開，保持鹿角形狀。圖 1
2. 黑朱古力加熱溶解，放入棉花糖均勻地沾上朱古力，進行兩遍令朱古力厚實，待凝固。
3. 鹹圈餅乾底端沾上黑朱古力，輕輕放在棉花糖上，凝固定形。圖 2
4. 貼上糖豆眼珠，活脫脫的麋鹿完成。

1

2

TIPS

- 棉花糖沾上黑朱古力時要厚實均勻，出來的賣相才好看。
- 這款甜品絕對是親子的最佳活動。

附錄
健康一日三餐

營養豐富的早餐

以下是建議的一日三餐搭配，也可按自己喜好及配搭不同的食材，給自己及家人調配好吃又營養滿分的一日三餐吧！

食物種類推薦

☑ 蔬果

☑ 穀薯類

☑ 動物性食物

☑ 豆、堅果類、奶製品

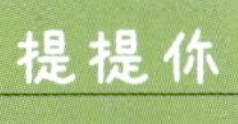

提提你

每天要吃早餐，定時定量，別暴飲暴食！

豐盛有營的午餐

食物種類推薦

提提你

準備各種類食材，吸收多款營養要素，細嚼慢嚥享受食物，不要浪費食材。

清淡輕盈的晚餐

食物種類推薦

提提你

進食晚餐的時間不要太夜，建議在晚上 6 時至 8 時之間，也別吃得太油膩，會影響睡眠質素。

超方便！

掌握21款常備食材

活用秘訣輕鬆煮

著者
崔瀠兮、楊子涵、馮翰飛

責任編輯
簡詠怡

裝幀設計
鍾啟善

排版
辛紅梅、鍾啟善

出版者
萬里機構出版有限公司
香港北角英皇道 499 號北角工業大廈 20 樓
電話：2564 7511　傳真：2565 5539
電郵：info@wanlibk.com
網址：http://www.wanlibk.com
http://www.facebook.com/wanlibk

發行者
香港聯合書刊物流有限公司
香港荃灣德士古道 220-248 號荃灣工業中心 16 樓
電話：2150 2100　傳真：2407 3062
電郵：info@suplogistics.com.hk
網址：http://www.suplogistics.com.hk

承印者
寶華數碼印刷有限公司
香港柴灣吉勝街 45 號 4 樓 A 室

出版日期
二〇二四年十一月第一次印刷

規格
16 開（240mm × 170mm）

Published and printed in Hong Kong, China.

ISBN 978-962-14-7576-3